Jacques Babinet

De l'application des mathématiques transcendantes

Le savoir en poche

ISBN : 978-1546624226

10 9 8 7 6 5 4 3 2 1

Jacques Babinet

De l'application des mathématiques transcendantes

Le savoir
en poche

Table de Matières

De l'application des mathématiques transcendantes

Ἀει θεος γεωμετρει.

Dieu fait en tout de la géométrie.

(PLATON.)

Pour la plupart des lecteurs, une excursion dans le domaine des mathématiques pures diffère peu, par l'étrangeté des objets et du langage à étudier, d'un voyage à Tombouctou. Les termes de la géométrie, de l'algèbre, de la trigonométrie et de l'analyse infinitésimale sont tout aussi étrangers à beaucoup d'esprits que ceux de l'idiome ioloff ou bambara. Cependant à notre époque, où les résultats obtenus par les applications des théories mathématiques sont généralement admirés, il est naturel de s'enquérir des puissances mathématiques avec lesquelles l'esprit humain a remué le monde matériel, à peu près comme on recherche dans l'histoire quelles étaient l'organisation et les armes des peuples conquérants.

Un illustre savant s'exprimait ainsi il y a deux mois à peine[1] : « Depuis cinquante ans, les sciences physiques et chimiques ont rempli le monde de leurs merveilles. La navigation à vapeur, la télégraphie électrique, l'éclairage au gaz et celui qu'on obtient par la lumière éblouissante de l'électricité, les rayons solaires devenus des instruments de dessin, d'impression, de gravure, cent autres miracles humains que j'oublie, ont frappé les peuples d'une immense et universelle admiration. Alors la foule irréfléchie, ignorante des causes, n'a plus vu des sciences que leurs résultats, et, comme le sauvage, elle aurait volontiers trouvé bon que l'on coupât l'arbre pour avoir le fruit. Allez donc lui parler d'études antérieures, des théories physiques, chimiques, qui, longtemps élaborées dans le silence du cabinet, ont donné naissance à ces prodiges ! Vantez-lui aussi les mathématiques, ces racines génératrices de toutes les sciences positives : elle ne s'arrêtera pas à vous écouter. À quoi bon des théoriciens ? Lagrange, Laplace, ont-ils créé des usines ou des industries ? Voilà ce qu'il faut ! »

Nous ne partageons pas tout à fait la manière de voir de l'éminent physicien, membre de l'Académie des Sciences et de l'Académie française, qui, suivant l'expression d'Horace, sait si bien penser et si bien exprimer sa pensée :

---

1 M. Biot, dans le *Journal des Savans* du mois de mars 1856.

Jacques Babinet

Sapere et fari quœ sentiat.

Il nous a toujours semblé que dès que les personnes étrangères aux études des mathématiques abstraites trouvaient jour à se renseigner sur ces lotions si peu à la portée du vulgaire, elles le faisaient avec une activité une satisfaction et des efforts de réflexion et d'intelligence qui dénotaient une curiosité supérieure à celle que peuvent inspirer les sciences ou les arts accessibles à toute personne qui a reçu une éducation libérale. On ne demandera guère à un membre de l'Académie des Sciences comment on peut arpenter un champ, niveler le canevas d'un chemin de fer ou d'un canal, mais on lui demandera comment on mesure, par exemple, la distance de la lune à la terre, et si l'on est bien sûr d'arriver à un résultat précis ! Il répondra que cette mesure s'obtient par la trigonométrie astronomique. Il dira que deux observateurs se placent vers les deux bouts de la terre, et que de là ils pointent les lunettes de leurs cercles divisés sur notre satellite. Alors ils obtiennent un triangle allongé dont la base est la ligne droite idéale qui joint les deux astronomes sur la terre, et dont les longs côtés sont les distances des deux stations au centre de la lune. L'observation donne la figure de ce triangle, et la trigonométrie calcule dans un tel triangle combien les longs côtés contiennent de fois la longueur de la base. On obtiendra donc ces longs côtés, c'est-à-dire la distance demandée, en prenant un certain nombre de fois la distance des deux observateurs. Si la curiosité de l'amateur n'est pas satisfaite, on peut entrer dans le détail des opérations qui donnent la forme du triangle par ses angles, et la distance des deux observateurs par leur longitude et leur latitude. Ordinairement l'esprit du curieux est satisfait quand on lui trace bien clairement le plan des opérations que la science exécute pratiquement pour arriver au résultat cherché : il retient que nous connaissons la distance de la terre à la lune à quelques kilomètres près, et beaucoup mieux que les distances qui séparent sur la terre plusieurs villes de premier ordre.

Autre exemple d'investigation scientifique. On demande à Archimède de vérifier la nature du métal dont est faite une couronne d'or votive d'un travail exquis et pour laquelle on a remis douze livres d'or à l'orfèvre ciseleur. Il n'est pas permis d'entamer et d'endommager l'ouvrage qui doit être consacré à Jupiter dans son intégrité. Après de longues méditations, le géomètre de Syracuse s'écrie : Je l'ai trouvé ! Εὕρηϰα ! Voyons s'il est bien difficile de comprendre la série des raisonnements et des opérations que suit Archimède. Il prend un vase d'eau exactement plein, et il y plonge douze livres d'or. Il voit par là de combien ces douze livres d'or font déborder le vase. Or, si la couronne qui pèse douze livres contient douze livres d'or pur, elle doit faire déborder le vase plein exactement de la même quantité. L'épreuve faite montre que la couronne fait déborder le vase beaucoup plus que les douze livres d'or. Elle n'est donc pas en or, et l'ouvrier a montré dans la fabrication plus de talent que de probité. On entaille à la lime un coin de la couronne et on reconnaît qu'elle est formée d'un moule en argent recouvert d'une plaque d'or ; mais Archimède va plus loin, il détermine combien il y a d'or et d'argent dans la pièce ciselée. Nous pouvons facilement encore le suivre sur ce nouveau terrain. En effet, en plongeant dans un vase rempli jusqu'aux bords une livre d'or, puis une livre d'argent, Archimède voit combien une livre d'argent fait déborder le vase de plus que ne le fait une livre d'or. Donc la substitution d'une livre d'argent à une livre d'or occasionne un excès de débordement bien connu. Il est ensuite évident que si la couronne de douze livres essayée après douze livres d'or pur occasionnait tout juste le même excès de débordement qu'occasionne une livre d'argent substituée à une livre d'or, c'est que l'artiste aurait substitué une livre d'argent à une livre d'or. S'il y avait un excès de débordement double ou triple de celui-ci, c'est que deux livres ou trois livres d'argent auraient été substituées à pareil poids d'or. Donc, d'après l'excès total de débordement que produisait la couronne, Archimède put juger de la quantité totale d'argent substituée à l'or dans le poids total de la couronne. J'avouerai humblement à mes lecteurs (en les priant toutefois de m'en garder le secret) qu'au risque de passer pour un petit esprit, je regrette de ne pas savoir le dénouement de l'histoire de Démétrius, car tel était le nom du ciseleur, et si cette couronne fit partie des objets que Verres enleva aux Siciliens. Cicéron n'en dit rien.

Au risque de me tromper dans ma conjecture, je présume qu'Archimède obtint la grâce de l'orfèvre en faveur de la belle découverte qu'elle avait occasionnée, car c'est de la qu'ont pris naissance la science de l'hydrostatique et le principe qu'on nomme encore le *principe d'Archimède*. Il est encore un fait qu'on me permettra de rappeler à l'appui de cette présomption. Notre célèbre minéralogiste Haüy reçut un jour dans son paisible cabinet du Jardin des Plantes un juge d'instruction accompagné d'un *Démétrius* français qui avait vendu pour des diamants des topazes blanches du Brésil, vulgairement connues sous le nom de *gouttes d'eau*, et qui sont d'une limpidité parfaite avec un poids tout pareil à celui du diamant. Ici l'épreuve d'Archimède n'eût pas réussi, puisque le diamant et la topaze blanche produisent exactement le même effet quand on les plonge dans l'eau ; mais les objets paraissent doubles au travers de la topaze, contrairement à ce qui arrive quand on les regarde au travers du diamant. De plus, la topaze électrisée garde obstinément son état électrique, lequel disparaît promptement dans le diamant électrisé. De plus encore, la topaze chauffée s'électrise d'elle-même, ce que ne fait pas le diamant. Je ne parle pas du lustre que prend subitement le diamant quand on observe ses reflets obliques, ce qui n'arrive pas à la topaze. Enfin on aurait encore pu, suivant le procédé d'Arago, observer l'angle de polarisation, qui diffère beaucoup dans les deux gemmes. Bref la conclusion du savant fut que les pierreries étaient fausses ; mais celle du magistrat fut qu'il devait lancer un mandat d'arrêt contre le vendeur dont tout indiquait la culpabilité. Haüy fut donc obligé, à son grand désagrément, d'intervenir activement pour obtenir que le juge se contentât d'une transaction à l'amiable et ne réclamât pas l'application rigoureuse de la pénalité méritée. Cet épisode minéralogique avait laissé un souvenir pénible dans l'âme du bon abbé créateur de la cristallographie.

Les annales de la science me fournissent un autre trait d'improbité accompagné d'impénitence finale. Il s'agissait de boissons falsifiées que les dégustateurs officiels regardaient comme telles, mais que la chimie était impuissante à reconnaître par ses procédés. L'habile chimiste Laugier, du Jardin des Plantes, fut appelé en expertise et trouva enfin un réactif qui mettait la fraude en évidence. Le falsificateur, poussé à bout par le savant, lui dit : — En supposant mes boissons falsifiées, il serait impossible de démontrer qu'elles le sont. Le chimiste lui indiqua le réactif qui avait fait découvrir la fraude : — Je vous remercie, monsieur, lui dit impudemment celui-ci, car, malgré la confiscation qui va être la suite de votre expertise, vous m'avez rendu service. Désormais je serai en garde contre l'action de votre réactif, que je ne connaissais pas ! — Au reste, si cet homme n'a pas continué à se livrer à son industrie, il en est tant d'autres qui s'y sont livrés, que les justes préoccupations de l'autorité publique semblent jusqu'ici n'avoir fait que rendre plus habiles les fabricateurs de liquides falsifiés en tout genre, au grand détriment de la santé publique en France et de notre commerce d'exportation à l'étranger.

Puisque je suis sur le chapitre des fripons *savants*, j'ajouterai que en 1804 une bande de faux monnayeurs avait si bien contrefait les pièces de 48 livres, qui avaient encore cours alors, que toutes les ressources du génie d'Archimède auraient été impuissantes pour reconnaître la fraude. Le platine, l'étain et l'or étaient en si exacte proportion, que rien ne pouvait indiquer ou faire soupçonner que la

De l'application des mathématiques transcendantes

valeur de ces pièces ne fût que de 18 à 19 francs, laissant à ces honnêtes industriels un bénéfice considérable. D'après les lois d'alors, sans doute trop peu indulgentes, ils eurent la tête tranchée, excellent moyen d'éviter la récidive ! Très sérieusement parlant, le commerce de la France, surtout en ce qui concerne les objets d'exportation et notamment les préparations pharmaceutiques, réclame des lois répressives de fraudes non moins désastreuses pour les intérêts de la France que coupables au point de vue de la probité.

Nous voilà bien loin des spéculations purement mathématiques, mais ce qui précède montre clairement la connexion intime de la science avec l'industrie. L'ancien adage, que rien n'est dans l'intelligence qui n'ait d'abord été dans la sensation, *nihil est intellectu quod non priùs fuerit in sensu*, peut être justement retourné, et on peut dire que rien n'est dans la pratique et dans l'industrie qui n'ait été d'abord dans la théorie et dans la science. Les craintes de M. Biot ne me semblent donc point fondées, et la prééminence restera toujours à la pensée théorique comparativement à l'œuvre matérielle. Essayons de donner une idée de ces hautes puissances mathématiques qui font aujourd'hui le noble apanage de l'esprit humain, et au moyen desquelles, outre les arts, qui sont la vie et la santé de nos sociétés civilisées, il a pu embrasser le monde dans son état présent, dans son passé et dans son avenir.

Si je nomme un marteau, une pince, un levier, une poulie, une hache, une tarière, un outil matériel quelconque, la langue est faite, tout le monde me comprend ; mais si je nomme un logarithme, une exponentielle, un cosinus, une tangente, une différentielle, une intégrale, on me demandera quels sont ces êtres inconnus ? Vont-ils à deux ou à quatre pieds ? Cela vole-t-il, rampe-t-il ou nage-t-il dans la mer, ou dans l'eau douce ? sont-ce des êtres saisissables à nos sens, pesants, sonores, blancs ou noirs, chauds ou froids ? Si ce sont des êtres métaphysiques, que peuvent-ils faire dans le monde matériel, auquel ils sont étrangers ? La pensée ne transporte point les montagnes, et ce n'est point avec des formules mathématiques que la nature meut et conserve le monde. Nous allons voir tout à l'heure que si les conceptions mathématiques dont les noms précèdent ne produisent pas les actions dont l'univers nous montre les effets, elles sont au moins l'expression des lois suivant lesquelles se produisent les mouvements du monde entier, et que, comme *outils* de l'intelligence, elles ont pénétré tout aussi profondément dans le domaine de l'univers que l'ont pu faire les outils du mineur dans les entrailles de la terre pour y aller chercher des trésors enfouis.

Jacques Babinet

Je commence hardiment par la plus sauvage des fonctions trans-cendantes, le *logarithme* ! Si j'en emprunte la définition à l'algèbre, le logarithme d'un nombre est la puissance à laquelle il faut élever une base numérique fixe pour reproduire ce nombre. Mais d'abord qu'est-ce qu'une puissance, qu'est-ce qu'une base ? C'est tout un cours d'algèbre à faire ! Avis à ceux qui trouvent que je ne mets pas assez de formules mathématiques dans mes articles. La définition arithmétique ne serait guère plus maniable, il faudrait y parler de progressions par différence et par quotient. En un mot, cela deman-derait une somme d'instruction préalable pour laquelle il faut avoir recours aux traités spéciaux.

Si une série de causes égales produisent des effets qui soient tou-jours dans la même proportion, la relation de l'effet à la cause est celle du nombre à son logarithme. Par exemple, dans le fameux problème du jeu d'échecs, où l'on demande un grain de blé pour la première case, deux grains pour la seconde, quatre grains pour la troisième, huit grains de blé pour la quatrième, et ainsi de suite, toujours en doublant, il est évident que la cause qui produit le dou-blement est le nombre successif des cases, et que l'effet produit est le double, le quadruple, le double du quadruple, et ainsi de suite, tou-jours en doublant. Le nombre des cases est le logarithme, le nombre des grains de blé est le nombre correspondant. À la soixante-qua-trième case, on a doublé soixante-trois fois, et le nombre des grains de blé demandé pour cette soixante-quatrième case de l'échiquier serait le chiffre 3 suivi de soixante-deux zéros, comme le verra sans aucun calcul tout apprenti géomètre qui saura que le logarithme de deux est environ égal à trois dixièmes. Plus exactement ce serait trois cent un millions de *milliards de milliards de milliards de milliards de milliards de milliards*, ci :

301,000,000,000,000,000,000,000,000,000,000,000,000,00
0,000,000,000,000,000.

Si une lumière perd de sa force en traversant une certaine épaisseur d'air ou d'eau, ce qui reste en perdra autant pendant un nouveau tra-jet pareil. Autant d'épaisseurs traversées, autant de fractionnements de lumière, voilà une loi logarithmique. Voilà pourquoi la lumière et la chaleur du soleil s'éteignent dans notre atmosphère, et comment la chaleur qui atteint le fond des mers est si peu de chose ; voilà pour-quoi, par un temps de brume, les objets cessent d'être perceptibles à une si petite distance, alors que, suivant Homère, on ne peut voir qu'à la distance où on peut lancer une pierre. Tous les voyageurs qui ont été enveloppés par les nuages sur les hautes montagnes savent quelle pénible sensation est cette vue logarithmique à si petite portée, et avec quel agrément on retrouve, en descendant du nuage, et la vue, et les lointains, et cette rapide perception que le même poète compare en vitesse à la pensée de l'homme !

Couvrez une plante d'une cloche de jardinier, puis de deux, de trois, de quatre, en plein soleil : l'effet redoublera à chaque cloche, et avant la quatrième la plante cuira sous la cloche, et l'eau s'y mettra logarithmique ment à bouillir.

Si vous vous élevez dans l'atmosphère, à chaque hauteur que vous franchirez, l'air sera de plus en plus léger, et vous trouverez, avec la hauteur croissante pour cause et la raréfaction de l'air pour effet, une loi logarithmique qui, étant mise en formule, vous donnera la hauteur de la station, où vous êtes parvenu au moyen de la lecture du baromètre à cette station. Ce nivellement, si commode et si utile, a donné la hauteur de toutes les montagnes du globe.

On doit les logarithmes à un baron écossais, nommé Napier, qui a vécu de 1550 à 1617, dans ce XVIe siècle, effrayant d'énergie, où l'esprit humain éprouva des paroxysmes analogues à ceux que la surface de notre globe éprouve par les tremblements de terre. Le baron astrologue ne pensait sans doute pas à la relation de la cause à l'effet en proportion constante que représentent ses logarithmes, et qui en a fait une représentation de l'effet quand la cause est donnée, et qu'elle agit toujours avec la même énergie. Qu'est-ce que Napier y avait donc vu ?

Il y avait vu tout simplement un miracle pour la facilité des calculs. Comme la cause est toujours plus simple que l'effet, il trouva, sans se douter du principe, que si l'on substitue les logarithmes aux nombres, on fait tous les calculs avec la plus grande facilité, puis qu'en repassant aux nombres le résultat apparaît, et qu'on exécute en un jour des calculs qui auraient pris autrement deux ou trois mois de travail. Les tables de logarithmes et les règles à calcul, qui sont aussi logarithmiques, sont connues de tout le monde dans leur usage, sinon dans leur théorie. Il n'est point d'aide-arpenteur qui ne feuilleté d'une main profane la *merveilleuse table (mirificus canon)* du baron, honneur de l'Ecosse, qui a centuplé la vigueur calculatrice de l'intelligence humaine à peu près comme le premier dompteur du cheval, le premier inventeur de la locomotive (M. Séguin), ont centuplé la faculté de transport de l'homme, ou bien comme Chappe et Ampère, le premier par le télégraphe à bras, et le second par le télégraphe électrique, ont centuplé et plus que centuplé la vitesse de transmission des dépêches.

Le *cosinus* réclame maintenant notre attention. Cette conception métaphysique est heureusement un peu plus facile à définir que le logarithme. Couchez sur le sol une baguette bien droite, elle couvrira toute sa longueur. Si vous la relevez par un bout, il n'y aura plus immédiatement sous la baguette qu'une longueur moindre. Si vous attachez un fil à plomb au bout relevé de la baguette, ce fil à plomb se rapprochera du bout fixe d'autant plus que vous redresserez davantage celle-ci, et quand elle sera toute droite, le fil à plomb touchera la baguette, et celle-ci ne recouvrira plus rien du tout. Si au lieu d'une baguette vous imaginez une planche étendue sur la terre, et la pluie tombant dessus, la planche garantira un espace égal à toute sa longueur ; mais si vous la relevez par un bout, elle n'en recouvrira plus qu'une moindre partie, et à mesure que vous la redresserez, la partie garantie de la chute verticale des grains d'eau diminuera de plus en plus, et sera enfin réduite à rien quand la planche sera tout à fait redressée. Or, ici le rapport qu'il y a entre l'espace recouvert et la longueur totale de la planche pour chaque angle d'inclinaison de la planche est ce qu'on appelle le cosinus de cet angle. Je n'ose pas dire que souvent des esprits assez légers, qui avaient provoqué de moi cette définition, ont répondu à l'interrogation que je leur adressais : Comprenez-vous ce que c'est qu'un cosinus ? — Oui, je comprends à merveille, mais que m'importe ? Que m'importe que la baguette ou que la planche à telle ou telle inclinaison couvre la moitié, le tiers, le quart de sa longueur totale ? A quoi peut servir cette notion ?

Réponse : A tout à peu près.

Un manœuvre veut-il monter à l'aide de la brouette de Pascal un fardeau qu'il ne pourrait soulever directement de bas en haut ? Il fait rouler sa brouette sur une rampe qui amortit le poids des matériaux à déplacer dans le rapport du cosinus de l'angle que fait la montée verticale qu'il veut éviter avec la rampe inclinée qu'il veut suivre. Si la montée n'est plus que de un, deux ou trois pour cent de ce qu'elle était primitivement, la pesanteur est réduite dans la même proportion, qui est celle du cosinus de l'angle très ouvert que le chemin fait avec la verticale. Le coin qu'on enfonce dans le bois, la hache qui l'entame par un angle très aigu, le couteau qui tranche d'autant plus qu'il est plus affilé, le rasoir qui, avec ses deux faces creuses, est encore plus affilé que le couteau, enfin la pellicule tranchante d'un fragment de verre dur de bouteille cassée irrégulièrement, et qui pénètre encore plus finement que le rasoir, tous ces effets ont pour cause et pour loi un cosinus qui, en augmentant la force pénétrante, et par suite diminuant la force résistante, augmente d'autant plus l'efficacité de l'action exercée.

Quand une force se partage entre deux directions, la loi de la distribution de la force suivant les deux nouveaux chemins est encore celle du cosinus ou plutôt des cosinus des deux angles que font ces deux nouvelles directions avec la force primitive. Toute la mécanique est là-dedans. Choisissons un des oracles que rendent ces cosinus, dont on a fait des tables comme on a fait des logarithmes. Si après avoir divisé une force quelconque en plusieurs autres vous les réunissez de nouveau, vous n'obtenez rien de plus que la force primitive. Ces transcendantes crient donc aux aveugles chercheurs du mouvement perpétuel, c'est-à-dire de la production des forces avec rien, qu'ils cherchent l'impossible, et qu'ils ne peuvent pas plus faire un excédent de force qu'un excédent de poids ou de matière. Avec dix degrés de force vive, vous ne ferez pas plus onze ou douze degrés de force qu'avec dix kilogrammes de marbre vous ne feriez onze ou douze kilogrammes de la même substance, ou bien qu'avec dix boulets de canon vous n'en produiriez onze ou douze du même calibre.

Lorsque le Parisien, en général assez casanier, arrive par hasard sur les bords de l'Atlantique, qui sépare la France de l'Amérique, sur les plages de la Normandie, de la Bretagne, de l'Aunis ou de la Guyenne, il voit par le temps le plus calme, par le ciel le plus pur, sous les rayons du soleil le plus beau, l'Océan deux fois par jour inondant ses rivages, amener et remmener ses vastes ondes par une cause occulte qui a longtemps fait le désespoir des théories physiques. Sur les plages de la Provence ou du Languedoc, la mer n'éprouve point de pareilles alternatives d'inondation et de dessèchement. Sans doute dans l'Océan, c'est Neptune qui soulève les flots de son vaste empire ; mais pourquoi ne le fait-il pas dans la Méditerranée ? D'autant plus que cette divinité grecque, et par suite essentiellement méditerranéenne, doit exercer surtout sa puissance dans les lieux de sa naissance, et notamment dans le bassin oriental ou grec de cette mer. Je sais bien qu'on me dira qu'Aristote, ce grand seigneur naturaliste, se jeta la tête la première dans l'Euripe de l'île d'Eubée, de dépit de ne pouvoir pénétrer la cause de ses marées. Je regarde cette histoire comme aussi authentique qu'elle est vraisemblable. En attendant que Newton nous donnât le mot de l'énigme, Lucain fit de beaux vers sur les marées de l'Océan français, et il peignit à grands traits *ces plages de nature indécise que la terre et la mer réclament, tour à tour.*

Jacques Babinet

Cherchez la cause de ces alternatives si fréquentes, dit-il en finissant, ô vous que préoccupe le souci de la physique du monde ! L'attraction établie par Newton vint seize siècles plus tard en dévoiler la cause mystérieuse. Le poids des eaux diminué deux fois le jour par le passage de la lune et du soleil au-dessus et au-dessous de la terre fait gonfler la partie de l'Océan dont le poids est diminué. Or quelle est la loi de ces actions soulevantes ? C'est encore un cosinus. Cette conception métaphysique se substitue au dieu des mers de l'antiquité, et si les marées ne s'observent dans la Méditerranée que sur une minime échelle, c'est qu'en raison du peu d'étendue de cette mer, les forces soulevantes ne peuvent pas agir sur une extrémité sans faire à peu près le même effet sur le bord opposé, ce qui ne permet pas le déplacement en hauteur. C'est au reste ce que proclame d'abord le tout-puissant cosinus qui règle les actions solaires et lunaires, lesquelles tirent l'Océan de l'inertie inhérente à toute matière non soumise à des forces étrangères.

Nous allons retrouver tout à l'heure cette transcendante trigonométrique dans les perturbations du mouvement des planètes, que pendant longtemps on a pu croire capables de compromettre le système du monde, et de faire péricliter la nature entière sous les efforts du temps et des cosinus qui mesurent les perturbations.

Le cosinus n'est pas la seule des lignes évaluées en nombres que la trigonométrie emploie pour calculer l'immense masse des mouvements célestes que l'on observe dans les grands observatoires. Il est des sinus, il est des tangentes, il est des sécantes et deux ou trois autres lignes qui, si je voulais les écouter, réclameraient leur part d'importance et l'honneur d'être signalées à l'attention du public non géomètre. Les tangentes notamment se vantent d'avoir été des premières utilisées par les constructeurs de cadrans arabes ou hindous. Les Grecs ont complètement ignoré cet admirable échafaudage des sinus, des cosinus, des tangentes, qui, substitué aux angles des triangles, a permis d'opérer sur des lignes droites au lieu d'opérer sur des arcs courbes, ce qui était horriblement compliqué. Lorsque ensuite les logarithmes sont venus simplifier la simplification arabe ou hindoue, tout est devenu expéditif et facile dans ce *matériel de l'intelligence*, et la science a marché à pas de géant.

Passons au calcul infinitésimal.

Dans la seconde moitié du XVIIe siècle, qui est le siècle de Louis XIV, au moment où Corneille, Racine, Shakspeare et Milton faisaient la gloire littéraire de la France et de l'Angleterre, Fermât en

France, Leibnitz en Allemagne et Newton en Angleterre posaient les bases de ce puissant levier mathématique que l'on nomme l'analyse infinitésimale, et centuplaient les forces de la pensée en créant l'analyse mathématique des infiniment petits. Fermat y parvint par la géométrie, Leibnitz par les nombres arithmétiques, Newton par la mécanique. Si l'on considère que toute grandeur peut être admise comme formée d'éléments très petits, il est évident que si l'on peut avoir prise sur ces éléments constitutifs de toute grandeur, on maîtrisera les grandeurs elles-mêmes par les notions que l'on aura sur leurs principes élémentaires. Dans ces notions, on doit convenir que la clarté appartient avant tout aux conceptions de Leibnitz, et son expression de quantité différentielle, appliquée aux éléments infiniment petits qui constituent toute grandeur finie, est restée en possession exclusive de la science.

L'élément infiniment petit est tout à fait dans la nature. Ainsi la mer peut être considérée comme un amas de simples gouttes d'eau ; la terre, tout immense qu'elle est, peut être géométriquement divisée en petites parties, que, si l'on veut, on ne prendra pas plus grosses que des grains de sable. Mais à quoi bon ?

C'est ce que nous allons voir.

Je considère par exemple un monument bâti en brique, comme le sont à peu près tous ceux d'Angleterre, et je veux me figurer ce que peut avoir de matériaux pesants un si immense ensemble. N'est-il pas vrai que si je prends une brique à part et que je la pèse, il ne me restera plus qu'à compter combien un monument contient de briques pareilles pour en avoir le poids total ? Ici la brique est la *différentielle* comparativement infiniment petite de l'édifice entier. Il ne me restera plus qu'à trouver un moyen praticable et commode de compter le total des briques. Notez qu'ici toute difficulté relative à la forme de l'édifice disparaît, puisque c'est toujours, en définitive, d'un nombre suffisant de briques qu'on peut le supposer formé. L'art du calcul infinitésimal, c'est d'apprendre à compter les éléments infiniment petits dont le total se compose. Le résultat se nomme *intégrale*. C'est en effet ce que Leibnitz et Newton, et leurs successeurs, Clairaut, Euler, d'Alembert, Lagrange et Laplace, ont fait avec un rare bonheur, ou plutôt avec un rare génie. Mais ce n'est pas seulement dans la mesure des grandeurs que l'analyse infinitésimale a triomphé. Nous allons voir que ses procédés atteignent avec le même succès la représentation de tous les mouvements, et en particulier ceux des corps célestes.

Jacques Babinet

Si nous partons de la donnée que nous pouvons additionner autant de petites quantités que nous jugeons a propos de le faire, rien ne nous empêche de considérer les petites additions de vitesse d'un corps en mouvement comme des différentielles dont nous atteindrons ensuite l'ensemble par les procédés de calcul des intégrales. Les petites déviations successives qu'éprouve dans sa marche une planète soumise aux actions les plus compliquées ne seront que des différentielles infiniment petites dans sa marche primitive, et leur ensemble nous sera donné par les procédés d'intégration du calcul des infiniment petits, que nous supposons connus.

Prenons pour exemple la lune, cet astre dont la marche est si compliquée et dont nous pouvons reconnaître tous les écarts à cause de sa grande proximité : elle tourne autour de la terre, et, au premier abord, on peut dire qu'elle décrit un cercle à peu près parfait ; mais il y a de petites perturbations qui la rapprochent et l'éloignent alternativement de nous et qui la font aller un peu plus vite ou un peu plus lentement. D'abord le soleil, par son attraction différente de celle qu'il exerce sur la terre, fausse la régularité de l'orbe de la lune. Cette action est exprimée par un cosinus, mais elle ne se produit pas tout à coup ; elle agit d'une manière continue et en prenant l'effet produit pendant un temps très court, qui sera un temps infiniment petit, ou, si l'on veut, une *différentielle* de temps, on aura un petit effet, c'est-à-dire une *différentielle* d'effet. Toutes ces différentielles accumulées tomberont sous la puissance de l'analyse infinitésimale, et ce sera au génie du mathématicien d'inventer des procédés qui puissent permettre de passer de ces petites actions à leur effet total. C'est en cela que notre compatriote Laplace a excellé. Son livre, intitulé *Mécanique céleste*, c'est-à-dire science du mouvement des astres, est un monument national dont la France s'enorgueillit à juste titre. Une partie des mêmes questions, notamment la théorie complète des mouvements du soleil et des planètes, a valu à M. Leverrier une supériorité non contestée dans la détermination des nombreuses perturbations que l'action mutuelle des planètes et du soleil fait naître dans notre système. Ce sont les déductions des théories du calcul infinitésimal qui, sur les traces de Newton et de Laplace, vont nous révéler bien des vérités sur le passé, le présent et l'avenir de notre monde terrestre ou céleste.

J'ai dit que Newton était l'un des inventeurs, et non pas le seul inventeur du calcul infinitésimal. C'est une vérité admise aujourd'hui par tout le monde ; mais il ne partage avec personne la gloire d'avoir le premier reconnu la cause des grands effets mécaniques qui régissent le monde. De quelque gloire que ses contemporains et la postérité aient payé les contemplations de son génie, on ne peut songer sans stupeur à ce qu'a dû éprouver de félicité cette âme si puissante au point de vue métaphysique, quand elle a pu pénétrer les secrets les plus intimes de la nature et les révéler aux êtres pensants de tous les siècles. Le son flatteur de la louange méritée,

Il dolce suon di meritata Iode,

a retenti à ses oreilles pendant une longue carrière, et son livre des *Principes de la Philosophie naturelle* a marqué l'époque d'une de ces surélévations de l'esprit humain, d'où, en mathématiques du moins, il ne redescend plus ensuite. Ce fut sans doute pour Newton un rare bonheur d'avoir Voltaire pour héraut de sa renommée ; mais si ses découvertes furent prématurément appréciées à leur juste valeur, elles durent à leur mérite intrinsèque de ne déchoir aucunement quand les travaux des géomètres qui vinrent après lui les popularisèrent en les développant. Ce n'est point seulement Newton que je veux suivre ici dans l'exposé des découvertes dues à l'analyse transcendante. Notre Laplace y aura sa bonne part sans ôter à Newton la gloire, due au premier investigateur des secrets du monde présent et futur.

Notre ciel actuel de chaque saison n'est pas le même qui brillait sur la tête des bergers chaldéens, auxquels on rapporte les premières notions de l'astronomie. Au bout de treize mille ans, les constellations d'hiver deviennent celles d'été, et réciproquement. Depuis le commencement de notre ère, où le printemps commençait quand le soleil était dans la constellation du bélier, tout a rétrogradé, et de nos jours le printemps commence quand le soleil est dans les poissons. De même l'équinoxe d'automne, qui arrivait avec le soleil dans la Balance, arrive maintenant quand cet astre est au milieu des étoiles, de la Vierge. De nos jours, entre 1830 et 1840, la brillante étoile d'Andromède, qui suivait le soleil du printemps, s'est trouvée vis-à-vis de lui, et depuis peu d'années seulement elle le devance d'une petite quantité, qui ira s'accroissant pendant vingt-six mille ans, jusqu'à ce qu'en l'an vingt-sept mille huit cent trente-cinq à peu près elle se retrouve de nouveau vis-à-vis du soleil au moment de l'équinoxe du printemps. La découverte de la loi de ces vastes changements de scène du ciel étoilé est due à Hipparque, célèbre astronome qui vivait un siècle et demi avant notre ère. Newton entrevit, d'après sa fameuse loi de l'attraction universelle, la cause de ces grands effets, mais ce fut notre compatriote d'Alembert qui eut la gloire de les conquérir au domaine de la science.

Une conséquence remarquable de ces travaux analytiques, c'est que l'année prise d'un printemps à l'autre n'a pas une durée invariable. L'année est plus courte aujourd'hui de quelques secondes qu'elle ne l'était au temps d'Hipparque, et un homme qui mourrait centenaire aujourd'hui aurait vécu certainement quelques minutes de *moins* qu'un centenaire du commencement de notre ère : ce serait à peu près un quart d'heure de moins.

Je saisis cette occasion de dire et de répéter qu'il n'y a qu'une durée invariable dans le monde, c'est le jour. Questionnez la première personne venue, et demandez-lui ce que c'est qu'un siècle ; elle vous répondra que le siècle est de cent ans. Continuez : elle ajoutera que l'année est composée de trois cent soixante-cinq jours et un quart. — Et le jour ? — Le jour est de vingt-quatre heures. — Et l'heure ? — L'heure est de soixante minutes ? — Et la minute ? — Elle vaut soixante secondes. — Puis on remonte de la seconde à la minute, à l'heure, au jour, à l'année, au siècle, sans rien définir de précis. Il est tel dictionnaire où vous trouvez le mot de *Cochinchine* défini par ces mots : pays des Cochinchinois ; ensuite au mot *Cochinchinois* vous trouvez : Cochinchinois, habitant de la Cochinchine ! C'est ce que les Grecs appelaient *retomber sur soi-même*, et ce que nous désignons, je ne sais pourquoi, par l'expression de *cercle vicieux*. Pour éviter ce grave inconvénient dans la mesure du temps, partez toujours de la durée du jour, qui est invariable, et évaluez tout en jours ; le jour ne sera donc pas définissable ; c'est une période donnée par la nature, ensuite l'heure sera la 24me partie de cette durée, et la seconde en sera la 86,400me partie ; de même l'année sera, dans chaque siècle, d'un certain nombre de jours avec une fraction ; enfin le siècle sera de cent ans, et la révolution du ciel au travers des saisons sera de vingt-six siècles environ.

Au moment où Newton eut établi la marche des planètes dans des orbites presque circulaires dont le soleil n'occupe pas le centre, il entrevit que l'action mutuelle de tous ces corps s'attirant réciproquement devait fausser leur marche régulière, et tout le monde sait qu'il eut la singulière idée qu'un jour le monde aurait besoin d'une main réparatrice. Leibnitz combattit vivement cette présomption en remarquant que la puissance créatrice qui avait tiré le monde du néant devait être présumée assez sage pour avoir su pourvoir à sa conservation. Depuis lors, l'analyse mathématique entre les mains de Laplace a donné raison à Leibnitz, mais avec de curieux accessoires que la science mathématique livre aux métaphysiciens, aux philosophes, aux théologiens, pour en faire tel usage qu'ils jugeront à propos. D'abord la distance de chaque planète au soleil est invariable aussi bien que son année. Il reste de variable la position plus ou moins centrale du soleil, que l'on appelle l'excentricité, et la position de l'orbite, qui peut varier un peu en se rapprochant ou en s'éloignant du plan que cette orbite occupait à une époque prise pour point de départ. Or il résulte des calculs mathématiques de Laplace que toutes les planètes sont solidaires entre elles, et que quand l'une perfectionne en rondeur la route qu'elle trace autour du soleil, il doit y en avoir par compensation une autre qui fausse de plus en plus le cercle qu'elle décrit autour de cet astre pendant une de ses années. On peut en dire autant des inclinaisons. Si l'une des planètes écarte le plan de son orbite de la position moyenne de toutes ces orbites, il doit y en avoir une autre qui, par compensation, ramène le plan de son orbite plus près de cette moyenne générale. C'est une espèce de banque du désordre, lequel ne peut atteindre à une limite dangereuse ; mais aussi les compensations dont nous ayons parlé font que ce désordre, tout petit qu'il soit, ne peut jamais disparaître. Pourquoi ce petit désordre d'excentricités et d'inclinaisons ? d'où est-il venu ? La cause en est-elle contemporaine de la formation même de notre soleil en masse distincte au sein de la matière nébuleuse qui s'est divisée en soleils ? Convient-il qu'il y ait dans le monde une imperfection, même petite, et la compensation de ce désordre ne serait-elle point dans un soleil solidaire du nôtre et tournant sur lui-même en sens contraire, en sorte que son petit désordre étant en sens contraire au petit désordre de notre système solaire, le tout par compensation pût être regardé comme parfait dans son ensemble ? J'avoue qu'à tort peut-être de semblables questions me touchent peu ; mais comme après tout les considérations métaphysiques ont souvent mis sur la voie de découvertes importantes, rien n'empêche que l'on pousse aussi loin que possible les déductions *probables* d'une idée quelconque. On devra se regarder comme d'autant plus heureux d'avoir trouvé quelque chose par ce moyen, que l'on se croyait moins sur la route qui devait conduire à un fait positif.

Une conséquence remarquable de cette solidarité de toutes les planètes est que si dans la somme des excentricités une grande partie du désordre total tombait sur une seule planète, comme par exemple sur Mercure, qui est déjà fort excentrique, son orbite pourrait toucher le soleil par un de ses bouts, et qu'alors cette planète s'identifierait avec le soleil, qu'elle augmenterait du reste bien peu. Mathématiquement parlant, rien ne s'oppose à ce qu'il en soit ainsi, mais nous en avons encore pour bien des générations d'hommes avant que nos astronomes soient témoins d'une telle catastrophe, En prenant dans la *Connaissance des temps* de 1843 la table des excentricités et des inclinaisons que M. Leverrier a calculées pour deux cent mille ans, savoir : cent mille ans avant et cent mille ans après l'an 1800, pour les quatre planètes Mercure, Vénus, la Terre et Mars, on ne voit rien qui autorise une crainte sérieuse pour Mercure, et même jusqu'à l'an 101800 son orbite se perfectionne et l'excentricité diminue un peu. Vers l'an 11,800, l'orbite de Vénus sera un cercle parfait, ce qui aura lieu pour la Terre environ dans 25,000 ans d'ici. Quant à Mars, il n'y a rien de remarquable. Laplace a beaucoup insisté sur cette merveilleuse qualité que possèdent les formules astronomiques de prédire l'avenir et de savoir le passé, mais ces symboles transcendants ne rendent leurs oracles qu'à ceux qui savent les consulter, et peu de génies sont de force à voir dans leurs inextricables complications ce qu'elles ont à dire à la science curieuse. Une seule remarque fera voir cependant comment l'héritage des siècles s'enrichit de jour en jour : c'est que dès qu'une vérité a été reconnue, elle est désormais acquise au trésor de l'intelligence humaine et ne rentrera plus dans le domaine malheureusement si vaste de l'inconnu, sans compter le domaine encore plus grand de l'*inconnaissable*, c'est-à-dire des notions qui seront à jamais inaccessibles à l'homme des siècles futurs, comme elles l'ont été à l'homme des siècles passés.

Tâchons de donner une idée de la manière dont on peut tirer des formulés ces déductions, qui font tant d'honneur à la science. En général le monde est organisé dans un état de balancement ou d'équilibre qui, sans être la régularité parfaite, revient périodiquement à son ancien état et par suite brave la durée des siècles. Ainsi les petites altérations dans la marche des planètes se compensent au bout de longues périodes et ramènent le système à son point de départ. On avait pu présumer que le soleil, qui d'année en année vient un peu moins prés de nos têtes au premier jour de l'été, ne finît par rester dans l'équateur et ne nous amenât un beau printemps perpétuel, très poétique sans doute, mais très peu favorable aux besoins des peuples qui veulent des blés mûrs, des raisins et des fruits. On connaît la boutade d'Horace Walpole, qui déclarait qu'en Angleterre tous les fruits sont *verts*, excepté ceux qui sont cuits. Le jeu de mots, fort mal rendu en français, porte sur le mot de fruits verts, qui en anglais signifie aussi *fruits non mûrs*. Le même Walpole disait qu'en son pays le meilleur soleil de printemps est fait de bon charbon de terre de

Newcastle. Après cela, laissons les poètes vanter les charmes de la saison des giboulées. « J'oserais croire, dit Virgile, qu'à l'origine du monde ce sont les jours égaux aux nuits qui ont éclairé la nature de leur douce lumière. » Il *régnait un printemps perpétuel*, et les tièdes zéphyrs caressaient des fleurs qui naissaient sans être semées.

Ver erat sternum, placidique tepentibus auris

Mulcebant zephyri natos sine semine flores.

Ces deux vers sont d'Ovide. Sans doute l'homme enchanté respirait les parfums de ces fleurs et mangeait l'herbe qui les portait ! Tout nous ramène forcément, sinon à l'optimisme, du moins à cette vérité qu'il est bien difficile, non-seulement de faire mieux que ce monde que nous critiquons tant et si légèrement, mais encore de faire autrement. L'auteur si profond de *Candide* me fournirait lui-même au besoin bien des traits à l'appui de cette assertion. Il faut donc que l'homme songe à profiter des avantages du monde actuel sans rêver un ordre *meilleur*, qui probablement ne le serait pas du tout. Si je ne craignais pas de faire de la politique servile, chose impardonnable en France, où tout est bien, hors ce qu'on a, je dirais aux utopistes avec Laplace lui-même : Il y a quelque chose de pis que la constitution actuelle de la société, dont vous vous plaignez ; c'est de ne pas en avoir du tout !

La présente transition nous amène au seul exemple donné par Laplace de cette outrecuidance d'Alphonse, roi de Castille, astronome couronné, qui, lassé des épicycles compliqués de Ptolémée, affirmait que, s'il eût assisté au conseil de Dieu au moment de la création du monde, il lui eût donné de bons avis relativement à la simplicité qui lui paraissait devoir être un attribut indispensable d'une si belle œuvre. Le grand Newton lui-même n'a pas dédaigné de remarquer que la simplicité que ses lois introduisaient dans le système du monde pouvait satisfaire même le roi Alphonse. Or donc un jour, un seul jour, Laplace se mit à l'œuvre pour améliorer *l'état de choses* astronomique actuel. Admettant que la lune est faite pour diminuer l'obscurité de la nuit, il voulut avoir continuellement pleine lune. Il plaça donc notre satellite à l'opposite du soleil, et il lui donna un mouvement assez lent pour qu'il restât toujours ainsi. À la vérité, il fallut éloigner considérablement la lune et diminuer par là son éclat illuminateur. Enfin, vaille que vaille, Laplace obtint un petit clair de lune permanent et une petite lune toujours pleine. C'est un des curieux chapitres de la *Mécanique céleste*. Malheureusement l'état de cette lune hypothétique, sortie de la pensée d'un mathématicien, n'avait rien de stable. Un Italien, l'abbé Caraffa, éleva des doutes sur la permanence de l'état de pleine lune continuelle admis comme possible par Laplace. Notre confrère, M. Liouville, appliqua à ce problème ses puissantes facultés analytiques, et il reconnut, sans laisser aucune place au doute, l'impossibilité de l'hypothèse admise par Laplace. Après avoir été pendant plusieurs années à l'état de pleine lune, notre satellite testerait en retard, et finirait par avoir des phases comme il en a aujourd'hui. Tout ce qu'on aurait gagné, ce serait une lumière affaiblie et des mouvements tellement lents, qu'ils ne pourraient plus servir aux marins pour se guider sur l'Océan. Mais n'anticipons pas sur la suite de cette, exposition.

Ce serait être injuste à l'égard d'un génie de premier ordre comme Laplace que d'indiquer un côté faible de ses œuvres sans mettre en lumière un grand nombre de traits de génie qui l'ont placé de pair avec Newton, sauf la priorité du génie anglais. C'est précisément des lois de cosinus, qui règlent le ciel entier, que Laplace a tiré les belles vérités qu'il nous a révélées relativement à la stabilité du système du monde. Le cosinus, cette transcendante régulatrice de l'univers nous offre, quand on l'étudie mathématiquement, une valeur qui ne dépasse jamais une certaine quantité fixe. Le temps et les siècles, qui accumulent les cercles et les révolutions des corps célestes, sont impuissants pour faire sortir le cosinus d'étroites limites que tout le monde sait être l'unité en plus ou en moins. Il en résulte que puisque les perturbations dépendent de cette transcendante analytique, elles ne peuvent dépasser d'étroites limites et qu'après avoir atteint un maximum peu prononcé, elles reviennent vers l'état normal en s'affaiblissant, et balancent ainsi le monde solaire entre des états peu différents de l'état moyen, qui est ainsi reconnu aussi stable que s'il n'eût pas, eu à subir ces légères modifications transitoires. Laplace n'a reconnu aucune cause permanente d'altération dans l'univers. Il en a donc, contre l'opinion même de Newton, assuré à jamais la stabilité. Quel admirable exemple de la puissance des formules infinitésimales, quand elles sont entre les mains du génie ! Combien l'intelligence de, l'homme se relève, quand elle peut ainsi planer au-dessus du monde entier en maîtrisant l'espace, la matière et le temps, ces trois grands principes de la nature physique !

Si, après de si nobles contemplations, on pouvait donner quelque attention à la sécurité des voyageurs qui traversent l'Océan,

Le corps, cette guenille, est-il d'une importance

A pouvoir mériter seulement qu'on y pense ?

De l'application des mathématiques transcendantes

Je dirais que Laplace est parvenu à enchaîner tellement notre lune dans ses équations, qu'on peut utilement la faire servir à trouver la position d'un navire loin de tout aspect de la côte. Arago déclare nettement que, par sa théorie de la lune, Laplace s'est mis au rang des bienfaiteurs de l'humanité, et personne ne contestera son assertion. On sait tout ce que Newton avait inutilement tenté en théorie et en pratique pour arriver à ce résultat, Euler avait perdu un œil à force de travail nocturne dans ses calculs lunaires.

Enfin Laplace vînt !

Maintenant, grâce à lui, la *Connaissance des Temps* de France, le *Nautical Almanack* d'Angleterre, et, depuis peu, une troisième éphéméride, imprimée et calculée en Amérique, donnent chaque jour et chaque heure la position de la lune, et par suite la longitude du navire qui observe à un instant quelconque la distance de la lune à une étoile ou à une planète comprise dans les éphémérides françaises, anglaises ou américaines. Si la Terre, comme Jupiter, eût eu quatre lunes au lieu d'une, et surtout des lunes marchant rapidement, comme celles de Jupiter, le problème des longitudes n'eût pas arrêté l'esprit humain jusqu'au commencement de ce siècle, et il n'eût pas été besoin d'un Laplace pour en surmonter les difficultés. L/idée de l'emploi des limes de Jupiter pour la longitude à l'usage des navigateurs des océans de cette planète appartient à Huygehs, qui l'a indiquée avant la fin de l'avant-dernier siècle. Une comparaison établie par Arago entre les résultats obtenus par l'observation de la lune et par la méthode des montres marines toujours susceptibles de dérangements, a prononcé en faveur des observations lunaires, et donné un nouveau prix à la théorie mathématique de notre satellite, laquelle cependant laissé encore beaucoup à désirer, car elle ne peut répondre des mouvements de la lune que pour quelques dizaines d'années, tandis que c'est par dizaines de siècles que l'on compte les périodes qu'embrasse la théorie des planètes et surtout du soleil, comme on peut le voir par la belle publication que vient de faire M. Leverrier sur la théorie de notre astre central, en tenant compte de toutes les influences perturbatrices même les plus minimes.

Lorsqu'on dit aux personnes non initiées aux recherches astronomiques que sérieusement les savants ont pu se préoccuper si dans quelques millions de siècles la lune ne tombera pas sur la terre, cette sollicitude leur paraît bien peu fondée. Avant ce temps, que de générations, que de dynasties, que de peuples auront passé sur notre globe ! La race humaine elle-même est-elle assurée d'un avenir si lointain ? On sait, dit Lucrèce, qu'il est dans les destins qu'un jour viendra où la mer, la terre et le palais céleste s'embraseront, et où la masse entière du monde s'écrasera sous ses propres ruines. Ailleurs il spécifie que, malgré la différence de nature des eaux de la terre et du ciel, tout périra en un même jour, et que la charpente ébranlée du monde se dissoudra ? après avoir résisté à la destruction pendant un grand nombre d'années. Heureusement pour lui, le prophète de malheur n'a pas indiqué le moment précis de la catastrophe. Il n'a donc pas eu la crainte de se voir démenti par le fait, quoiqu'il dise expressément que rien ne peut empêcher la fin du monde d'arriver au moment même où il parle. Il faut mettre ces pronostics à côté des calculs qui nous annoncent le retour de la fameuse comète de 1811 pour l'an 4876, c'est-à-dire dans trois mille ans, ou bien avec l'annonce du retour de celle de Mauvais, qui reparaîtra indubitablement l'an 103,894 de notre ère. Un érudit me demandait mon avis sur les passages de Lucrèce : je répondis que les vers me paraissaient fort beaux ; mais la poésie n'a pas, comme les sciences exactes, la vérité pour but unique, et par suite son autorité mathématique est assez faible. Remarquons que le sérieux de la question n'était pas de savoir si la lune tomberait, et quand cela devait arriver, mais bien de savoir si sa chute était *possible*.

La question de la chute possible de la lune avait un côté vraiment scientifique que l'éminent esprit d'Arago n'a point perdu de vue dans son rapport sur la réimpression aux frais de l'état des œuvres de Laplace. On voyait de siècle en siècle la lune se rapprocher un peu de la terre et son mouvement s'accélérer ; mais la cause de ces curieux phénomènes était inconnue. Laplace réussit, non sans un rude travail, à la découvrir, et il en conclut que si l'attraction ne se transmet pas momentanément dans l'espace, on ne peut pas lui supposer une vitesse moindre que cinquante millions de fois celle de la lumière, qui cependant est telle qu'un rayon lumineux ferait en une seconde sept ou huit fois le tour de la terre. Dois-je redire que c'est avec les mêmes moyens mathématiques que Laplace établit que la lune, après s'être un peu rapprochée de la terre, s'en éloignera ensuite ? Je crois me souvenir qu'à l'inspection de la table de M. Leverrier, qui donne pour deux cent mille ans les excentricités des planètes voisines du soleil, on trouve que c'est à peu près dans vingt-cinq mille ans d'ici que la lune commencera à opérer son mouvement de retraite en s'éloignant de la terre ; mais si elle fût tombée, c'eût été bien plus poétique ! On voit donc qu'en général l'analyse mathématique et la poésie sont en grand désaccord quand il s'agit d'espérer ou de

De l'application des mathématiques transcendantes

craindre la chimère qui n'a de réel que son nom, *la fin du monde* ! Bien des siècles encore après notre incomparable poète Béranger, on pourra dire :

Finissons-en, le monde est assez vieux !

La ficelle du misérable cerf-volant ne cassera pas. Il n'y a aucun espoir de dramatique de ce côté-là. Il ne reste au fond des choses que l'éternelle fluctuation des petits effets mesurés par les formules cosinusoïdales.

Mais voilà assez de résultats de l'analyse. Passons, pour terminer, au livre de l'ancien lord chancelier de l'Angleterre, Henri Brougham.

Les Anglais ont publié beaucoup d'ouvrages de mérite sur la théologie naturelle. Ainsi que le titre l'indique ; la théologie de la nature a pour objet l'étude de toutes les inductions que la constitution du monde peut permettre dé tirer relativement à la cause première qui l'a créé et organisé. En ce sens et sans le vouloir, Laplace a travaillé pour la théologie naturelle en dévoilant les belles lois qu'il a pu saisir à l'aide de son génie mathématique. Parmi tous les auteurs anglais qui ont traité ce sujet, un des premiers rangs est assigné à William Paley, dont l'ouvrage a été traduit en français il y a quelques années. Lord Brougham a honoré la théologie naturelle de Paley de dissertations accessoires qui ont paru en 1839 en deux volumes dignes d'une intelligence de premier rang (*of first rate*) comme la sienne. Après des articles de longue haleine sur l'instinct et sur l'intelligence, on y trouve un traité complet sur l'art de bâtir que les abeilles mettent en œuvre pour leurs cellules. Ces insectes se montrent d'excellents mathématiciens dans leurs constructions, sans avoir eu besoin de passer par notre célèbre École polytechnique. Lord Brougham se montre lui-même un très bon géomètre, en mettant en évidence tout l'art de ces ouvriers d'instinct qui donnent à leurs cellules

Cette forme élégante ainsi que régulière, qui ménage l'espace autant que la matière, comme l'a dit Delille, descripteur patenté du Parnasse. Après le traité sur les cellules viennent plusieurs traités remarquables sur des questions de métaphysique morale ou religieuse, puis une belle revue des travaux de Cuvier et de ses successeurs sur la nature fossile avec les déductions relatives à la théologie naturelle. Ce traité mériterait à lui seul une étude spéciale, et il marque l'état de la science à l'époque où il a été écrit. Il y a d'excellents jalons pour la distribution géographique des espèces antédiluviennes. Enfin vient une étude solide du fameux ouvrage de Newton sur la philosophie naturelle. Ce dernier traité, tout mathématique, nous montre lord

Brougham sous un jour nouveau. Ce n'est plus l'homme d'état qui a honoré, par ses lumières, son désintéressement et des réformes importantes, les fonctions de lord chancelier ; ce n'est plus l'orateur éloquent du barreau et de la tribune ; ce n'est plus l'homme de salon dans lequel le bon sens brille à côté et à l'égal de l'esprit français (qu'on me passe ce terme peu modeste ici) ; ce n'est plus l'expérimentateur opticien, suivant moi, un peu aventureux en théorie, s'il est inattaquable dans les faits qu'il découvre : c'est un vrai et profond mathématicien qui, tout en prenant Newton pour guide, marche comme Lagrange avec le raisonnement, qui donne la clarté, et le calcul, qui donne la force. Il y a quelques mois, lord Brougham a publié à part cette belle étude sur le livre de Newton en collaboration avec un jeune gradué de l'université de Cambridge, M. E. J. Routh. La participation du noble lord à cette nouvelle édition n'est point purement nominale, comme on aurait pu le présumer, et sérieusement il est à regretter que les mathématiques n'aient pas été une occupation professionnelle pour le célèbre chancelier du Royaume-Uni. On trouve dans ce volume, sur la métaphysique des forces et sur l'historique des diverses parties de la mécanique céleste, d'utiles notions qu'on chercherait vainement ailleurs. L'auteur pense et fait penser. Il est toujours positif, clair et profond. Je me hasarderai à dire qu'une étude pareille, faite d'après un plan bien arrêté, sur tous les écrivains qui ont fait avancer la science du système du monde, si elle était accomplie par le collaborateur du noble lord et suivant la méthode de celui-ci, serait un précieux présent fait au monde astronomique. On voit du reste que la comparaison des méthodes et la science des résultats obtenus par chaque auteur sont familières aux collaborateurs de l'*Analytical Wiew*. À l'étonnement que j'eus, il y a quinze ans, de trouver dans lord Brougham un mathématicien sous la toge d'un homme d'état, s'est joint, il y a quelques mois, celui de le retrouver dans toute son énergie primitive. Longue vie au noble lord et félicitations sur son dernier ouvrage !

Peut-être que sans la récente publication du livre de lord Brougham, je ne me serais pas encore décidé à terminer la présente étude, où il m'a fallu choisir, comme on le pense bien, entre un grand nombre d'exemples de l'emploi des mathématiques transcendantes. La théorie des probabilités, la mécanique rationnelle, la physique, auraient pu m'offrir de belles applications ; mais ces objets sont moins généralement connus que les astres, et m'auraient forcé de supposer ou de rappeler un plus grand nombre de notions préliminaires. En somme, j'ai dit ce que je voulais dire, et pour toute excuse vis-à-vis du lecteur, je lui suggérerai ce conseil que donne Jean-Baptiste Rousseau pour abréger les écrits peu amusants :

Rendons-les courts en ne les lisant point !

ISBN : 978-1546624226

Jacques Babinet